四川省工程建设地方标准

四川省房屋建筑与市政基础设施工程现场施工和监理从业人员配备标准

Staff standard of site construction and supervision in building
construction and municipal infrastructure in Sichuan Province

DBJ51/T085 – 2017

主编部门：四 川 省 住 房 和 城 乡 建 设 厅
批准部门：四 川 省 住 房 和 城 乡 建 设 厅
施行日期：2 0 1 8 年 4 月 1 日

西南交通大学出版社

2018 成 都

图书在版编目（CIP）数据

四川省房屋建筑与市政基础设施工程现场施工和监理从业人员配备标准/四川省建设岗位培训与执业资格注册中心，四川省建设工程质量安全监督总站主编. —成都：西南交通大学出版社，2018.1
（四川省工程建设地方标准）
ISBN 978-7-5643-6046-7

Ⅰ. ①四… Ⅱ. ①四… ②四… Ⅲ. ①市政工程－基础设施－工程施工－技术规范－四川②建筑工程－施工监理－技术规范－四川 Ⅳ. ①TU99-65②TU712-65

中国版本图书馆 CIP 数据核字（2018）第 021789 号

四川省工程建设地方标准

四川省房屋建筑与市政基础设施工程现场
施工和监理从业人员配备标准

主编单位　四川省建设岗位培训与执业资格注册中心
　　　　　四川省建设工程质量安全监督总站

责任编辑	姜锡伟
助理编辑	王同晓
封面设计	原谋书装
出版发行	西南交通大学出版社 （四川省成都市二环路北一段 111 号 西南交通大学创新大厦 21 楼）
发行部电话	028-87600564　028-87600533
邮政编码	610031
网　　址	http://www.xnjdcbs.com
印　　刷	成都蜀通印务有限责任公司
成品尺寸	140 mm × 203 mm
印　　张	2.25
字　　数	53 千
版　　次	2018 年 1 月第 1 版
印　　次	2018 年 1 月第 1 次
书　　号	ISBN 978-7-5643-6046-7
定　　价	25.00 元

关于发布工程建设地方标准
《四川省房屋建筑与市政基础设施工程现场施工和监理从业人员配备标准》的通知

川建标发〔2017〕974号

各市州及扩权试点县住房城乡建设行政主管部门，各有关单位：

由四川省建设岗位培训与执业资格注册中心和四川省建设工程质量安全监督总站主编的《四川省房屋建筑与市政基础设施工程现场施工和监理从业人员配备标准》已经我厅组织专家审查通过，现批准为四川省推荐性工程建设地方标准，编号为：DBJ51/T085 – 2017，自2018年4月1日起在全省实施。

该标准由四川省住房和城乡建设厅负责管理，四川省建设岗位培训与执业资格注册中心负责技术内容解释。

四川省住房和城乡建设厅
2017年12月28日

前　言

　　根据四川省住房和城乡建设厅《关于下达工程建设地方标准〈四川省房屋建筑与市政基础设施工程现场施工和监理从业人员配备标准〉编制计划的通知》（川建标发〔2017〕216号）的要求，由四川省建设岗位培训与执业资格注册中心和四川省建设工程质量安全监督总站会同有关单位共同编制本标准。标准编制组根据国家及我省相关法律、法规和规范性文件的规定，在广泛征求意见并认真总结近年来四川省现场施工和监理从业人员配备实践经验的基础上，参考其他省（市、区）有关标准和文件规定，结合四川省实际情况，制定本标准。

　　本标准共4章9个附录，其主要内容包括：总则；术语；施工管理人员和监理从业人员配备标准；从业人员管理要求。

　　本标准由四川省住房和城乡建设厅负责管理，由四川省建设岗位培训与执业资格注册中心和四川省建设工程质量安全监督总站负责具体内容的解释。执行过程中如有意见或建议，请寄送至四川省建设岗位培训与执业资格注册中心（地址：成都市武侯区致民路21号；邮政编码：610041；联系电话：028-85439023）或四川省建设工程质量安全监督总站（地址：成都市高升桥南街11号；邮政编码：610041；联系电话：028-85061316）。

　　主编单位：四川省建设岗位培训与执业资格注册中心

　　　　　　　　四川省建设工程质量安全监督总站

参 编 单 位：四川建筑职业技术学院
　　　　　　成都工业职业技术学院
　　　　　　四川华西集团有限公司
　　　　　　中铁二局集团有限公司
　　　　　　四川省晟茂建设有限公司
　　　　　　成都建筑工程集团总公司
　　　　　　四川省兴旺建设工程项目管理有限公司
主要起草人：李昌耀　　代代戈　　彭　梅　　周　密
　　　　　　郎松军　　薛　庆　　刘　潞　　郑永丽
　　　　　　肖　波　　李宇舟　　李建秋　　罗　骥
　　　　　　陈文元　　刘鉴秾　　朱志祥　　马培金
　　　　　　陈朝晖　　张　宇　　汤　镇　　漆寿帮
　　　　　　王筱颖　　曾　杰　　刘　霜
主要审查人：程　刚　　何　格　　刘明康　　杨　旺
　　　　　　李晋源　　梁　进　　刘　波

目　次

Contents

1 总 则

1.0.1 为了加强四川省房屋建筑与市政基础设施工程现场施工和监理从业人员配备的管理工作，着力对施工现场管理人员和监理人员在岗履职的监督检查，指导从业人员的教育培训，提高从业人员素质，推进施工与监理管理的体系化、规范化，提升施工单位的综合施工能力、管理水平和监理单位的管理服务水平，以提高工程质量，保证施工安全，建立并确保职业健康及环境管理体系的良好运行，而制定本标准。

1.0.2 本标准适用于四川省行政区域内新建、改建、扩建的房屋建筑工程与市政基础设施工程项目现场的施工从业人员和监理从业人员配备。

1.0.3 本标准所指施工从业人员包括施工管理人员和技术工人。

1.0.4 本标准所指监理从业人员包括总监理工程师、总监理工程师代表、专业监理工程师、监理员。

1.0.5 本标准所指的建筑工程面积为工程施工合同预定的值，金额采用工程施工合同价款。

1.0.6 本标准所规定的人员配备属于最低要求。不同地区可根据当地经济发展水平，对本地区从业人员的配备提出更高要求。

1.0.7 施工从业人员配备的责任单位为与建设单位签订合同的

总承包单位或与建设单位签订合同的专业承包单位；监理从业人员配备的责任单位为与建设单位签订合同的监理单位。

1.0.8 施工和监理从业人员的岗位的设置、工作职责的确定、教育培训和职业能力的评价，除应符合本标准外，尚应符合国家和地方现行有关标准的规定。

2 术 语

2.0.1 职业标准 Professional standard

在职业岗位分类的基础上，对从业人员应履行的工作职责、所需专业知识和专业技能，及其考核评价的方式、方法的规范性要求。

2.0.2 工作职责 Job duties

职业岗位的工作范围和责任。

2.0.3 专业技能 Technical skills

通过学习训练掌握的，运用相关知识完成专业工作任务的能力。

2.0.4 专业知识 Technical knowledge

完成专业工作应具备的通用知识、基础知识和岗位知识。

2.0.5 通用知识 General knowledge

在施工现场从事专业技术管理工作，应具备的相关法律法规及专业技术与管理知识。

2.0.6 基础知识 Basic knowledge

与职业岗位工作相关的专业基础理论和技术知识。

2.0.7 岗位知识 Job knowledge

与职业岗位工作相关的专业标准、工作程序、工作方法和岗位要求。

2.0.8 项目负责人 Project leader

项目负责人即项目经理，是由法定代表人书面任命，全面负责建筑施工现场的质量、进度、成本的控制，安全、合同、信息管理，并参与各方组织协调的人员。

2.0.9 项目技术负责人 Project technical director

负责工程项目技术方案的编制、图纸会审、技术核定、技术交底、技术复核等工作的人员。

2.0.10 现场专业人员 Technical personnel

现行行业标准《建筑与市政工程施工现场专业人员职业标准》JGJ/T 250 规定的在施工现场从事技术与管理的人员。

2.0.11 施工员 Construction technician

在施工现场从事施工组织策划，施工技术与管理，以及施工进度、成本、质量和安全控制等工作的专业人员。

2.0.12 质量员 Quality controller

在施工现场从事施工质量策划、过程控制、检查、监督、验收等工作的专业人员。

2.0.13 安全员 Safety supervisor

在施工现场从事施工安全、职业健康策划、检查、监督等工作的专业人员。

2.0.14 标准员 Standardization supervisor

在施工现场从事工程建设标准实施组织、监督、效果评价等工作的专业人员。

2.0.15 材料员 Materialman

在施工现场从事施工材料计划、采购、检查、统计、核算等工作的专业人员。

2.0.16 机械员 Machinery supervisor

在施工现场从事施工机械的计划、安全使用监督检查、成本统计核算等工作的专业人员。

2.0.17 劳务员 Laborer supervisor

在施工现场从事劳务管理计划、劳务人员资格审查与培训、劳动合同与工资管理、劳务纠纷处理等工作的专业人员。

2.0.18 资料员 Documenter

在施工现场从事施工信息资料的收集、整理、保管、归档、移交等工作的专业人员。

2.0.19 特种作业人员 Special operation personnel

在施工现场生产过程中，从事可能对本人、他人及周围设备设施的安全造成重大危害作业的人员。

2.0.20 一般技术工人 General skilled worker

在施工现场生产过程中，除特种作业人员以外，从事技能操作的人员。

2.0.21 总监理工程师 Chief project management engineer

由工程监理单位法定代表人书面任命，负责履行建设工程监理合同、主持项目监理机构工作的注册监理工程师。

2.0.22 总监理工程师代表 Representative of Chief project management engineer

经工程监理单位法定代表人同意，由总监理工程师书面授权，代表总监理工程师行使其部分职责和权力，但不得代表总监理工程师履行其中重要职责的人员。

2.0.23 专业监理工程师 Specialty project management engineer

由总监理工程师书面授权，负责实施某一专业或某一岗位的监理工作，具有相应监理文件签发权的人员。

2.0.24 监理员 Site supervisor

从事具体监理工作，不具有相应监理文件签发权的人员。但不同于项目监理机构中的其他辅助人员。

3 施工管理人员和监理从业人员配备标准

3.1 任职条件

Ⅰ 施工管理人员

3.1.1 项目负责人应满足下列任职条件：

1 由施工单位法定代表人书面任命；

2 取得本专业建造师注册证书；

3 取得省级以上住房城乡建设行政主管部门颁发的安全生产考核合格证B证。

3.1.2 项目技术负责人应满足下列任职条件：

1 取得本专业建造师注册证书；

2 Ⅰ类工程应担任过相同结构类型的工程项目技术负责人，并具有与工程项目相适应专业的高级工程师职称；Ⅱ、Ⅲ类工程应具有与工程项目相适应专业的工程师职称；Ⅳ、Ⅴ类工程应具有与工程项目相适应专业的助理工程师职称。

3.1.3 现场专业人员应满足下列任职条件：

1 施工员、安全员、质量员、标准员、材料员、机械员、劳务员、资料员等专业人员的职业能力应符合住房城乡建设部和我省相关职业能力标准的要求；

2 取得由省级以上住房城乡建设行政主管部门核发的岗位培训考核合格证书。

Ⅱ 监理从业人员

3.1.4 总监理工程师应满足下列任职条件：

    1 由工程监理单位法定代表人书面任命；

    2 必须取得监理工程师注册证书。

3.1.5 总监理工程师代表应满足下列任职条件：

    1 经工程监理单位法定代表人同意，由总监理工程师书面授权；

    2 取得工程类注册执业资格或具有中级以上专业技术职称；

    3 经过监理业务培训，并具有 3 年以上工程监理工作经验。

3.1.6 专业监理工程师应满足下列任职条件：

    1 由总监理工程师授权；

    2 取得工程类注册执业资格或具有中级以上专业技术职称；

    3 具有 2 年以上工程实践经验并经监理业务培训。

3.1.7 监理员应满足下列任职条件：

    1 具有相应专业的中专以上学历；

    2 经过监理业务培训。

3.2 工作职责

Ⅰ 施工管理人员

3.2.1 项目负责人应包括下列工作职责：

1 全面负责项目施工的组织管理，对项目的质量、安全、文明施工、进度、成本、合同、信息等管理负总责；

2 负责与建设、勘察设计、监理、分包等单位进行重大事项的协调；

3 组织制定质量安全技术措施，编制施工组织设计，并组织危险性较大分部分项工程专项方案的编制、论证和实施；

4 主持项目安全生产责任制的制定，并负责组织、督导实施；

5 主持项目劳动力、材料、构配件、机具设备、资金等的年、季、月、旬需用量计划的审定；

6 主持施工现场总分包例会，解决施工现场的重大协调问题；

7 组织项目隐蔽工程验收工作，参加地基基础及主体部分工程验收，并参加工程竣工验收。

3.2.2 项目技术负责人应包括下列工作职责：

1 全面负责项目施工的技术管理工作；

2 负责编制施工组织设计；

3 主持编制施工专项方案；

4 负责有关图纸会审、技术核定、技术交底、技术复核等工作；

5 负责与建设、勘察设计、监理、分包等单位协调解决技术问题；

6 审核专业分包单位的专项施工方案；

7 参加质量安全事故的处理和编制一般质量安全事故技术处理方案。

3.2.3 现场专业人员应包括下列工作职责：

1 施工员应包括下列工作职责：

  1）施工组织策划；

  2）施工技术管理；

  3）施工进度成本控制；

  4）质量安全环境管理；

  5）施工信息资料管理。

2 质量员应包括下列工作职责：

  1）质量计划准备；

  2）材料质量控制；

  3）工序质量控制；

  4）质量问题处置；

  5）质量资料管理。

3 安全员应包括下列工作职责：

  1）项目安全策划；

  2）资源环境安全检查；

  3）作业安全管理；

  4）安全事故处理；

  5）安全资料管理。

4 标准员应包括下列工作职责：

  1）标准实施计划；

2）施工前期标准实施；

3）施工过程标准实施；

4）标准实施评价；

5）标准信息管理。

5　材料员应包括下列工作职责：

1）材料管理计划；

2）材料采购验收；

3）材料使用存储；

4）材料统计核算；

5）材料资料管理。

6　机械员应包括下列工作职责：

1）机械管理计划；

2）机械前期准备；

3）机械安全使用；

4）机械成本核算；

5）机械资料管理。

7　劳务员应包括下列工作职责：

1）劳务管理计划；

2）资格审查培训；

3）劳动合同管理；

4）劳务纠纷处理；

5）劳务资料管理。

8　资料员应包括下列工作职责：

1）资料计划管理；

2）资料收集管理；

3）资料使用保管；

4）资料归档移交；

5）资料信息系统管理。

Ⅱ 监理从业人员

3.2.4 总监理工程师应包括下列工作职责：

1 确定项目监理机构人员及其岗位职责；

2 组织编制监理规划，审批监理实施细则；

3 根据工程进展及监理工作情况调配监理人员，检查监理人员工作；

4 组织召开监理例会；

5 组织审核分包单位资格；

6 组织审查施工组织设计、（专项）施工方案；

7 审查工程开复工报审表，签发工程开工令、暂停令和复工令；

8 组织检查施工单位现场质量及安全生产管理体系的建立及运行情况；

9 组织审核施工单位的付款申请，签发工程款支付证书，组织审核竣工结算；

10 组织审查和处理工程变更；

11 调解建设单位与施工单位的合同争议，处理工程索赔；

12 组织验收分部工程，组织审查单位工程质量检验资料；

13 审查施工单位的竣工申请，组织工程竣工预验收，组织编写工程质量评估报告，参与工程竣工验收；

14 参与或配合工程质量、安全事故的调查和处理；

15 组织编写监理月报、监理工作总结，组织整理监理文件资料。

3.2.5 总监理工程师代表应包括下列工作职责：

由总监理工程师书面授权，总监理工程师代表可以履行下列全部或部分职责。

1 确定项目监理机构人员及其岗位职责；

2 检查监理人员工作；

3 组织召开监理例会；

4 组织审核分包单位资格；

5 审查工程开复工报审表；

6 组织检查施工单位现场质量及安全生产管理体系的建立及运行情况；

7 组织审核施工单位的付款申请；

8 组织审查和处理工程变更；

9 组织验收分部工程，组织审查单位工程质量检验资料；

10 组织编写监理月报、监理工作总结，组织整理监理文件资料。

3.2.6 专业监理工程师应包括下列工作职责：

1 参与编制监理规划，负责编制监理实施细则；

2 审查施工单位提交的涉及本专业的报审文件，并向总监理工程师报告；

 3 参与审核分包单位资格；

 4 指导、检查监理员工作，定期向总监理工程师报告本专业监理工作实施情况；

 5 检查进场的工程材料、构配件、设备的质量；

 6 验收检验批、隐蔽工程、分项工程，参与验收分部工程；

 7 处置发现的质量问题和安全事故隐患；

 8 进行工程计量；

 9 参与工程变更的审查和处理；

 10 组织编写监理日志，参与编写监理月报；

 11 收集、汇总、参与整理监理文件资料；

 12 参与工程竣工预验收和竣工验收。

3.2.7 监理员应包括下列工作职责：

 1 检查施工单位投入工程的人力情况和主要设备的使用及运行状况；

 2 进行见证取样；

 3 复核工程计量有关数据；

 4 检查工序施工结果；

 5 发现施工作业中的问题，及时指出并向专业监理工程师报告。

3.3 施工管理人员配备标准

3.3.1 房屋建筑工程施工管理人员的最低配备应符合表 3.3.1-1、表 3.3.1-2、表 3.3.1-3、表 3.3.1-4 的规定。

表 3.3.1-1　住宅工程施工管理人员数量配备标准　单位：人

人员类别	住宅工程规模				
	Ⅰ	Ⅱ	Ⅲ	Ⅳ	Ⅴ
项目负责人	1	1	1	1	1
技术负责人	1	1	1	1	1
施工员	$N \geqslant 3$	$N \geqslant 2$	$N \geqslant 2$	$N \geqslant 1$	$N \geqslant 1^*$
安全员	$N \geqslant 3$	$N \geqslant 3$	$N \geqslant 3$	$N \geqslant 2$	$N \geqslant 1$
质量员	$N \geqslant 3$	$N \geqslant 2$	$N \geqslant 2$	$N \geqslant 1$	$N \geqslant 1$
标准员	$N \geqslant 1^*$	$N \geqslant 1^*$	$N \geqslant 1^*$	$N \geqslant 1^*$	$N \geqslant 1^*$
材料员	$N \geqslant 2$	$N \geqslant 2$	$N \geqslant 1$	$N \geqslant 1$	$N \geqslant 1^*$
机械员	$N \geqslant 2$	$N \geqslant 2$	$N \geqslant 1$	$N \geqslant 1^*$	$N \geqslant 1^*$
劳务员	$N \geqslant 2$	$N \geqslant 2$	$N \geqslant 1$	$N \geqslant 1^*$	$N \geqslant 1^*$
资料员	$N \geqslant 3$	$N \geqslant 2$	$N \geqslant 2$	$N \geqslant 1$	$N \geqslant 1^*$
小计	$N \geqslant 20$	$N \geqslant 17$	$N \geqslant 14$	$N \geqslant 8$	$N \geqslant 4$

备注：1　住宅工程规模划分详见附表 A；

2　小计为专职人员最低配备总人数，表中所列人员配备数量仅为总承包项目部人员，不包括专业承包工程配备人员；

3　住宅工程建筑面积为 $1 \times 10^4 \ m^2 < S \leqslant 2 \times 10^4 \ m^2$，安全员应不少于 2 人；建筑面积超过 $15 \times 10^4 \ m^2$，每增加 $5 \times 10^4 \ m^2$，施工员、安全员、质量员应各增加 1 人；

4　允许兼岗或兼任的岗位用"*"表示。

表 3.3.1-2 工业厂房工程施工管理人员数量配备标准　单位：人

人员类别	工业厂房工程规模		
	I	II	III
项目负责人	1	1	1
技术负责人	1	1	1
施工员	$N \geqslant 2$	$N \geqslant 2$	$N \geqslant 1^*$
安全员	$N \geqslant 2$	$N \geqslant 2$	$N \geqslant 1$
质量员	$N \geqslant 2$	$N \geqslant 2$	$N \geqslant 1$
标准员	$N \geqslant 1^*$	$N \geqslant 1^*$	$N \geqslant 1^*$
材料员	$N \geqslant 2$	$N \geqslant 1$	$N \geqslant 1^*$
机械员	$N \geqslant 2$	$N \geqslant 2$	$N \geqslant 1$
劳务员	$N \geqslant 1^*$	$N \geqslant 1^*$	$N \geqslant 1^*$
资料员	$N \geqslant 2$	$N \geqslant 1$	$N \geqslant 1^*$
小计	$N \geqslant 14$	$N \geqslant 12$	$N \geqslant 5$

备注：　1　工业厂房工程规模划分详见附表 B；

　　　　2　多层工业厂房工程的施工从业人员数量配置标准应符合表 3.3.1-1 的要求；

　　　　3　小计为专职人员最低配备总人数，表中所列人员配备数量仅为总承包项目部人员，不包括专业承包工程配备人员；

　　　　4　工业厂房工程最大跨度超过 36 m，每增加 12 m，施工员、安全员、质量员应各增加 1 人；

　　　　5　允许兼岗或兼任的岗位用"*"表示。

16

表 3.3.1-3 高耸构筑物工程施工管理人员数量配备标准 单位：人

人员类别	高耸构筑物工程规模		
	I	II	III
项目负责人	1	1	1
技术负责人	1	1	1
施工员	$N \geqslant 3$	$N \geqslant 2$	$N \geqslant 1*$
安全员	$N \geqslant 3$	$N \geqslant 2$	$N \geqslant 1$
质量员	$N \geqslant 3$	$N \geqslant 2$	$N \geqslant 1$
标准员	$N \geqslant 1*$	$N \geqslant 1*$	$N \geqslant 1*$
材料员	$N \geqslant 2$	$N \geqslant 1$	$N \geqslant 1*$
机械员	$N \geqslant 2$	$N \geqslant 2$	$N \geqslant 1$
劳务员	$N \geqslant 1*$	$N \geqslant 1*$	$N \geqslant 1*$
资料员	$N \geqslant 2$	$N \geqslant 1$	$N \geqslant 1*$
小计	$N \geqslant 17$	$N \geqslant 12$	$N \geqslant 5$

备注： 1 高耸构筑物工程规模划分详见附表C；

2 小计为专职人员最低配备总人数，表中所列人员配备数量仅为总承包项目部人员，不包括专业承包工程配备人员；

3 高耸构筑物工程超过 120 m，每增加 30 m，施工员、安全员、质量员应各增加 1 人；

4 允许兼岗或兼任的岗位用"*"表示。

表 3.3.1–4 一般公共建筑工程施工管理人员数量配备标准 单位：人

人员类别	一般公共建筑工程规模				
	I	II	III	IV	V
项目负责人	1	1	1	1	1
技术负责人	1	1	1	1	1
施工员	$N \geqslant 3$	$N \geqslant 3$	$N \geqslant 2$	$N \geqslant 2$	$N \geqslant 1*$
安全员	$N \geqslant 3$	$N \geqslant 3$	$N \geqslant 2$	$N \geqslant 2$	$N \geqslant 1$
质量员	$N \geqslant 3$	$N \geqslant 3$	$N \geqslant 2$	$N \geqslant 2$	$N \geqslant 1$
标准员	$N \geqslant 1*$	$N \geqslant 1*$	$N \geqslant 1*$	$N \geqslant 1*$	$N \geqslant 1*$
材料员	$N \geqslant 3$	$N \geqslant 2$	$N \geqslant 2$	$N \geqslant 1$	$N \geqslant 1*$
机械员	$N \geqslant 2$	$N \geqslant 2$	$N \geqslant 1$	$N \geqslant 1*$	$N \geqslant 1*$
劳务员	$N \geqslant 2$	$N \geqslant 2$	$N \geqslant 1$	$N \geqslant 1*$	$N \geqslant 1*$
资料员	$N \geqslant 3$	$N \geqslant 2$	$N \geqslant 2$	$N \geqslant 1$	$N \geqslant 1*$
小计	$N \geqslant 21$	$N \geqslant 19$	$N \geqslant 14$	$N \geqslant 10$	$N \geqslant 4$

备注：1 一般公共建筑工程规模划分详见附表 D；

2 小计为专职人员最低配备总人数，表中所列人员配备数量仅为总承包项目部人员，不包括专业承包工程配备人员；

3 一般公共建筑工程单项工程施工合同价款超过 25 000 万元的，每增加 5 000 万元，施工员、安全员、质量员应各增加 1 人；

4 允许兼岗或兼任的岗位用"*"表示。

3.3.2 市政基础设施工程施工管理人员的最低配备应符合表 3.3.2 的规定。

表 3.3.2　市政基础设施工程施工管理人员数量配备标准　单位：人

人员类别	市政基础设施工程规模				
	Ⅰ	Ⅱ	Ⅲ	Ⅳ	Ⅴ
项目负责人	1	1	1	1	1
技术负责人	1	1	1	1	1
施工员	$N{\geqslant}3$	$N{\geqslant}2$	$N{\geqslant}2$	$N{\geqslant}1$	$N{\geqslant}1*$
安全员	$N{\geqslant}3$	$N{\geqslant}2$	$N{\geqslant}2$	$N{\geqslant}2$	$N{\geqslant}1$
质量员	$N{\geqslant}3$	$N{\geqslant}3$	$N{\geqslant}2$	$N{\geqslant}1$	$N{\geqslant}1$
标准员	$N{\geqslant}1*$	$N{\geqslant}1*$	$N{\geqslant}1*$	$N{\geqslant}1*$	$N{\geqslant}1*$
材料员	$N{\geqslant}2$	$N{\geqslant}2$	$N{\geqslant}1$	$N{\geqslant}1$	$N{\geqslant}1*$
机械员	$N{\geqslant}2$	$N{\geqslant}2$	$N{\geqslant}1$	$N{\geqslant}1*$	$N{\geqslant}1*$
劳务员	$N{\geqslant}2$	$N{\geqslant}2$	$N{\geqslant}1$	$N{\geqslant}1*$	$N{\geqslant}1*$
资料员	$N{\geqslant}3$	$N{\geqslant}2$	$N{\geqslant}2$	$N{\geqslant}1$	$N{\geqslant}1*$
小计	$N{\geqslant}20$	$N{\geqslant}17$	$N{\geqslant}13$	$N{\geqslant}8$	$N{\geqslant}4$

备注：1　市政基础设施工程规模划分详见附表 E；

　　　2　小计为专职人员最低配备总人数，表中所列人员配备数量仅为总承包项目部人员，不包括专业承包工程配备人员；

　　　3　当单项工程施工合同价款超过 25 000 万元的，每增加 5 000 万元，施工员、安全员、质量员应各增加 1 人；

　　　4　允许兼岗或兼任的岗位用"*"表示。

3.3.3 专业承包工程施工管理人员最低配备应符合表 3.3.3 的规定。

表 3.3.3 专业承包工程施工管理人员数量配备标准　单位：人

人员类别	专业承包工程规模			
	Ⅰ	Ⅱ	Ⅲ	Ⅳ
项目负责人	1	1	1	1
技术负责人	1	1	1	1
施工员	$N>3$	$N>2$	$N\geqslant1$	$N>1^*$
安全员	$N>3$	$N>2$	$N\geqslant1$	$N>1$
质量员	$N>3$	$N>2$	$N\geqslant1$	$N>1$
标准员	$N>1^*$	$N>1^*$	$N>1^*$	$N>1^*$
材料员	$N>1$	$N>1$	$N>1^*$	$N>1^*$
机械员	$N>1$	$N>1$	$N>1^*$	$N>1^*$
劳务员	$N>1$	$N>1$	$N>1^*$	$N>1^*$
资料员	$N>2$	$N>1$	$N>1$	$N>1^*$
小计	$N>16$	$N>12$	$N>6$	$N\geqslant4$

备注：1　专业承包工程规模划分详见附表 F；

　　　2　小计为专职人员最低配备总人数；

　　　3　允许兼岗或兼任的岗位用"*"表示。

　　　4　机电安装专业应按各专业方向配备施工员。

3.3.4　各类工程根据工程项目的进度，可按照施工员和质量员的专业方向适时增加或调换，但最低数量不得低于本节各表的要求。

3.4 监理从业人员配备标准

3.4.1 房屋建筑工程监理从业人员的最低配备应符合表
3.4.1-1、表3.4.1-2、表3.4.1-3、表3.4.1-4的规定。

表3.4.1-1 住宅工程监理从业人员数量配备标准 单位：人

人员类别	住宅工程规模				
	Ⅰ	Ⅱ	Ⅲ	Ⅳ	Ⅴ
总监理工程师	1	1	1	1	1
专业监理工程师	$N≥3$	$N≥2$	$N≥2$	$N≥1$	$N≥1$
监理员	$N≥3$	$N≥3$	$N≥2$	$N≥2$	$N≥1$
小计	$N≥7$	$N≥6$	$N≥5$	$N≥4$	$N≥3$

备注：1 住宅工程规模划分详见附录A；

2 施工准备阶段（总监理工程师收到工程开工报审表前）、工
程收尾阶段（总监理工程师收到工程竣工验收报审表后）的监理人员
数量，视现场工作需要，可不受上述标准限制；

3 项目监理机构应配置1名负责安全管理监理工作的专职（或
兼职）专业监理工程师，人员配备并应符合监理合同约定；

4 住宅工程建筑面积超过 $15×10^4 m^2$，每增加 $5×10^4 m^2$，专
业监理工程师和监理员应各增加1人。

表 3.4.1-2　工业厂房工程监理从业人员数量配备标准　　单位：人

人员类别	工业厂房工程规模		
	Ⅰ	Ⅱ	Ⅲ
总监理工程师	1	1	1
专业监理工程师	$N \geq 2$	$N \geq 1$	$N \geq 1$
监理员	$N \geq 2$	$N \geq 2$	$N \geq 1$
小计	$N \geq 5$	$N \geq 4$	$N \geq 3$

备注：1　工业厂房工程规模划分详见附录 B；

　　2　施工准备阶段（总监理工程师收到工程开工报审表前）、工程收尾阶段（总监理工程师收到工程竣工验收报审表后）的监理人员数量，视现场工作需要，可不受上述标准限制；

　　3　项目监理机构应配置 1 名负责安全管理监理工作的专职（或兼职）专业监理工程师，人员配备并应符合监理合同约定；

　　4　多层钢筋混凝土工业厂房工程的监理人员配置最低标准应符合表 3.4.1-1 的要求。

表 3.4.1-3　高耸构筑物工程监理从业人员数量配备标准　　单位：人

人员类别	高耸构筑物工程规模		
	Ⅰ	Ⅱ	Ⅲ
总监理工程师	1	1	1
专业监理工程师	$N \geq 2$	$N \geq 1$	$N \geq 1$
监理员	$N \geq 2$	$N \geq 2$	$N \geq 1$
小计	$N \geq 5$	$N \geq 4$	$N \geq 3$

备注：1　高耸构筑物工程规模划分详见附录 C；

　　2　施工准备阶段（总监理工程师收到工程开工报审表前）、工程收尾阶段（总监理工程师收到工程竣工验收报审表后）的监理人员数量，视现场工作需要，可不受上述标准限制；

　　3　项目监理机构应配置 1 名负责安全管理监理工作的专职（或兼职）专业监理工程师，人员配备并应符合监理合同约定。

表 3.4.1-4 一般公共建筑工程监理从业人员数量配备标准 单位：人

人员类别	一般公共建筑规模				
	I	II	III	IV	V
总监理工程师	1	1	1	1	1
专业监理工程师	$N \geqslant 3$	$N \geqslant 2$	$N \geqslant 2$	$N \geqslant 1$	$N \geqslant 1$
监理员	$N \geqslant 3$	$N \geqslant 3$	$N \geqslant 2$	$N \geqslant 2$	$N \geqslant 1$
小计	$N \geqslant 7$	$N \geqslant 6$	$N \geqslant 5$	$N \geqslant 4$	$N \geqslant 3$

备注：1 一般公共建筑工程规模划分详见附录 D；

2 施工准备阶段（总监理工程师收到工程开工报审表前）、工程收尾阶段（总监理工程师收到工程竣工验收报审表后）的监理人员数量，视现场工作需要，可不受上述标准限制；

3 项目监理机构应配置 1 名负责安全管理监理工作的专职（或兼职）专业监理工程师，人员配备并应符合监理合同约定；

4 一般公共建筑单项工程施工合同价款超过 25 000 万元的，每增加 5 000 万元，监理人员最低配备增加 1 人。

3.4.2 市政基础设施工程监理从业人员最低配备标准应符合表 3.4.2 的规定。

表 3.4.2　市政基础工程监理从业人员数量配备标准　　单位：人

人员类别	市政基础工程规模				
	Ⅰ	Ⅱ	Ⅲ	Ⅳ	Ⅴ
总监理工程师	1	1	1	1	1
专业监理工程师	$N \geqslant 3$	$N \geqslant 2$	$N \geqslant 2$	$N \geqslant 1$	$N \geqslant 1$
监理员	$N \geqslant 3$	$N \geqslant 3$	$N \geqslant 2$	$N \geqslant 2$	$N \geqslant 1$
小计	$N \geqslant 7$	$N \geqslant 6$	$N \geqslant 5$	$N \geqslant 4$	$N \geqslant 3$

备注：1　市政基础设施工程规模划分详见附录 E；

2　施工准备阶段（总监理工程师收到工程开工报审表前）、工程收尾阶段（总监理工程师收到工程竣工验收报审表后）的监理人员数量，视现场工作需要，可不受上述标准限制；

3　项目监理机构应配置 1 名负责安全管理监理工作的专职（或兼职）专业监理工程师，人员配备并应符合监理合同约定；

4　市政基础设施单项工程施工合同价款款超过 25 000 万元的，每增加 5 000 万元，监理人员最低配备增加 1 人。

4 从业人员管理要求

4.1 一般规定

4.1.1 建设单位和招标代理机构编制的招标文件中应明确要求投标人按照国家、四川省有关法律法规、规范和本标准配备施工和监理从业人员。

4.1.2 施工管理人员和监理从业人员的配备宜实行备案制度。

4.1.3 建设单位应当建立从业人员登记表，登记表应包括下列内容：

    1 《工程项目现场施工管理人员配备表》应符合附录 G 的规定，《工程项目现场监理从业人员配备表》应符合附录 H 的规定，《工程项目现场技术工人统计表》应符合附录 J 的规定；

    2 项目负责人、项目技术负责人、总监理工程师的任命书，总监理工程师代表、专业监理工程师的授权书，项目负责人和总监理工程师的工程质量终身责任承诺书；

    3 施工和监理单位对其他施工管理人员和监理从业人员的任命文件；

    4 施工和监理从业人员有关证书复印件；

    5 施工和监理单位更换、撤离施工管理人员和监理从业人员的文件及证明。

4.2 施工从业人员管理要求

4.2.1 总承包单位或专业承包单位应根据工程项目的具体情况，制定施工从业人员的进退场计划，并应在施工组织设计中明确。当施工从业人员有较大调整时，进退场计划应重新制定。

4.2.2 总承包单位或专业承包单位应负责承包范围内所有参建单位的登记表建立，并对岗位设置、人员配备、人员变更或撤离、人员到岗履职等情况履行管理职责。

4.2.3 项目管理机构应当建立考勤制度，如实记录从业人员的出勤情况。施工单位应加强对项目经理部的管理，及时纠正施工管理人员配备不到位、人员不到岗、不按规定履行职责等情况。相应岗位的从业人员必须在有关工程文件资料上签字的，他人不得代签、冒签。

4.2.4 总承包单位或专业承包单位负责将所有登记表报送项目监理机构。

4.2.5 施工现场专业人员不得既兼任又兼岗，但符合下列条件时允许兼任或兼岗：

　　1 本施工单位的项目，如果在同一县级行政区域内或设区市的主城区（中心城区）内，标准员、材料员、机械员、资料员可按要求兼任，兼任时必须具备兼任岗位的任职条件，兼任的工程项目不应超过 3 个。

　　2 在同一工程项目，标准员、材料员、机械员、资料员、劳务员可以兼岗，兼岗时必须具备兼岗岗位的任职条件。

4.2.6 项目负责人、项目技术负责人、施工员、质量员、安全员、劳务员不得同时在两个以上工程项目（施工标段）施工现场任职，发生下列情形之一的除外：

1 同一工程相邻分段发包或分期施工的；

2 合同约定的工程验收合格的；

3 因非施工单位原因致使工程项目停工超过90天（含），经建设单位同意的。

4.2.7 施工单位派驻的施工管理人员应保持相对稳定，自投标截止之日起至完成合同约定工程量之日止，除下列情形外，不得擅自更换和撤离：

1 非本施工单位原因工程项目因故不能按期开工或停工达90天以上的；

2 因违法违规行为受到处罚不能继续担任施工现场管理工作的；

3 因退休、患不能继续工作的疾病、死亡的；

4 本人所承担的专业业务已完成的。

变更后人员须具有相同以上任职条件且无在建工程，并应符合招标文件要求，人员更换的比例原则上不得超过现场施工管理岗位总人数的50%。

施工管理人员变更应由施工单位书面申请，报送监理机构审查，经建设单位同意后方可变更，实行备案制的地区，还应提交相关证明资料上报原备案机关登记变更。

4.2.8 施工单位应建立技术工人的教育培训机制，重点做好安全教育培训建档记录，对新进人员应开展岗前培训和三级安全教育，保证其具备本岗位施工操作、安全防护及应急处置等所需的知识和技能。

4.2.9 特种作业人员应取得省级以上住房城乡建设行政主管部门颁发的建筑施工特种作业人员操作资格证书。一般技术工人应取得相应等级建筑工人职业培训考核合格证书，列入国家职业资格目录的砌筑工、混凝土工、钢筋工、架子工、手工木工、防水工、筑路工、桥隧工等应当取得国家职业资格证书。

4.2.10 技术工人应严格执行持证上岗规定，其中特种作业人员中的高级工以上比例不得低于 10%，一般技术工人中的高级工以上的人员比例不得低于 5%。

4.3 监理从业人员管理要求

4.3.1 监理单位在监理合同签订后实施监理时，应在施工现场派驻项目监理机构，并及时将项目监理机构的组织形式、人员构成及对总监理工程师的任命书面通知建设单位。

4.3.2 项目监理机构的组织形式和规模，可根据监理合同约定的服务内容、服务期限，以及工程特点、规模、技术复杂程度、环境等因素确定。

4.3.3 项目监理机构的监理人员应由总监理工程师、专业监理工程师和监理员组成，且人员、专业类别及数量应满足监理工作需要，必要时可设总监理工程师代表。

4.3.4 项目监理机构的组织形式、人员配备、岗位职责、进退场计划应在监理规划中明确。当监理人员有较大调整时，进退场计划应重新制定。

项目监理机构应根据建设工程实际情况，按有关规定、建设工程监理合同约定制定项目巡视方案、平行检验计划、见证取样方案和旁站方案等具体监理工作计划，明确和细化各监理人员岗位职责分工。

4.3.5 监理单位调换总监理工程师时，应征得建设单位书面同意；调换总监理工程师代表、专业监理工程师、监理员时，总监理工程师应书面通知建设单位。

4.3.6 一名注册监理工程师可担任一项监理合同的总监理工程师。当需要同时担任多项监理合同的总监理工程师时，除应经建设单位书面同意外，不得影响该项目总监理工程师职责的全面、及时履行，不得超越规定将相应岗位职责委托给总监理工程师代表，且最多不得超过三项。

当一名总监理工程师需要同时担任多项建设工程监理合同的总监理工程师时，应在各项目施工现场配备总监理工程师代表。

4.3.7 施工现场监理工作全部完成或建设工程监理合同终止时，项目监理机构可撤离施工现场。

4.3.8 项目监理机构负责对施工管理人员配备、到岗和履职情况进行日常监督检查，并形成检查记录。对发现施工管理人员配备不符合要求或人员不到岗、擅自更换、不按规定履行职责的情况，应责令其改正并向建设单位提交书面复查处理记录；施工单位拒不改正的，应向建设单位报告，必要时还应向当地住房城乡建设行政主管部门报告。

附录 A 住宅工程规模划分标准

表 A 住宅工程规模划分标准 　　　　单位：万平方米

工程类别	规模（总建筑面积 S）				
	Ⅰ	Ⅱ	Ⅲ	Ⅳ	Ⅴ
住宅工程	$S \geqslant 15$	$10 \leqslant S < 15$	$5 \leqslant S < 10$	$2 \leqslant S < 5$	$S < 2$

附录 B　工业厂房工程规模划分标准

表 B　工业厂房工程规模划分标准　　　单位：m

工程类别	规模（最大跨度 L）		
	Ⅰ	Ⅱ	Ⅲ
工业厂房工程	$L \geqslant 36$	$24 \leqslant L < 36$	$L < 24$

备注：1　本附录不包括轻型钢结构工业厂房；

　　　2　多层工业厂房的工程规模的划分应符合本标准附录 A。

附录 C　高耸构筑物工程规模划分标准

表 C　高耸构筑物工程规模划分标准　　　单位：m

工程类别	规模（最大高度 H）		
	I	II	III
高耸构筑物工程	$H \geqslant 120$	$70 \leqslant H < 120$	$H < 70$

附录 D 一般公共建筑工程规模划分标准

表 D 一般公共建筑工程规模划分标准　　　　单位：万元

工程类别	规模（单项工程施工合同价款 K）				
	I	II	III	IV	V
一般公共建筑	$K \geqslant 25\,000$	$15\,000 \leqslant K < 25\,000$	$10\,000 \leqslant K < 15\,000$	$5\,000 \leqslant K < 10\,000$	$K < 5\,000$

附录 E 市政基础设施工程规模划分标准

表 E 市政基础设施工程规模划分标准　　单位：万元

工程类别	规模（单项工程施工合同价款 K）				
	I	II	III	IV	V
市政基础设施工程	$K \geqslant 25\,000$	$15\,000 \leqslant K < 25\,000$	$10\,000 \leqslant K < 15\,000$	$5\,000 \leqslant K < 10\,000$	$K < 5\,000$

附录F 专业承包工程规模划分标准

表F 专业承包工程规模划分标准

序号	工程类别	项目名称	单位	规模				备注
				I	II	III	IV	
1	地基基础工程	工业民用建筑工程地基基础工程	层	$F \geqslant 25$	$5 \leqslant F < 25$	$F < 5$	/	建筑物层数（F）
		构筑物地基与基础工程	m	$H \geqslant 100$	$25 \leqslant H < 100$	$H < 25$	/	构筑物高度（H）
		基坑围护工程	m	$H \geqslant 8$	$3 \leqslant H < 8$	$H < 3$	/	基坑深度（H）
		软弱地基处理工程	m	$H \geqslant 13$	$4 \leqslant H < 13$	$H < 4$	/	地基处理深度（H）
		其他地基与基础工程	万元	$K \geqslant 3\,000$	$500 \leqslant K < 3\,000$	$K < 500$	/	施工合同价款（K）
2	起重设备安装工程	塔式起重机、各类施工升降机和门式起重机的安装与拆卸	km·N	$T \geqslant 1\,000$	$T < 1\,000$	/	/	额定起重量（T）
			t	$T \geqslant 100$	$50 \leqslant T < 100$	$T < 50$	/	额定起重量（T）
		索道、游乐设施安装工程	万元	$K \geqslant 1\,000$	$500 \leqslant K < 1\,000$	$K < 500$	/	施工合同价款（K）
3	电子与智能化工程	电子工业制造设备安装、电子工业环境工程、电子系统工程、建筑智能化工程、电子与智能化工程	万元	$K \geqslant 10\,000$	$5\,000 \leqslant K < 10\,000$	$1\,000 \leqslant K < 5\,000$	$K < 1\,000$	施工合同价款（K）

序号	工程类别	项目名称	单位	规模				备注
				Ⅰ	Ⅱ	Ⅲ	Ⅳ	
4	消防设施工程	消防设施工程	万元	$K \geq 10\,000$	$5\,000 \leq K < 10\,000$	$1\,000 \leq K < 5\,000$	$K < 1\,000$	施工合同价款（K）
5	防水防腐保温工程	各类房屋建筑防水工程	万元	$K \geq 1\,000$	$200 \leq K < 1\,000$	$K < 200$	/	施工合同价款（K）
		防腐保温工程	万元	$K \geq 1\,000$	$200 \leq K < 1\,000$	$K < 200$	/	施工合同价款（K）
6	钢结构工程	钢结构建筑物或构筑物工程（包括轻钢结构工程）	m	$H \geq 100$	$60 \leq H < 100$	$H < 60$	/	钢结构高度（H）
		网架结构的制作安装工程	m	$L \geq 60$	$30 \leq L < 60$	$L < 30$	/	钢结构跨度（L）
			t	$T \geq 500$	$300 \leq T < 500$	$T < 300$	/	总重量（T）
		其他钢结构工程	t	$T \geq 3\,000$	$500 \leq T < 3\,000$	$T < 500$	/	总重量（T）
7	模板脚手架专业工程	各类脚手架设计、制作、安装工程	m	$H \geq 80$	$15 \leq H < 80$	$H < 15$	/	高度（H）
		各类模板设计、制作、安装、安装工程	m²	$S \geq 2\,000$	$500 \leq S < 2\,000$	$S < 500$	/	单次模板面积（S）
8	建筑装修装饰工程	建筑装修装饰工程	万元	$K \geq 5\,000$	$2\,000 \leq K < 5\,000$	$1\,000 \leq K < 2\,000$	$K < 1\,000$	施工合同价款（K）
9	建筑机电安装工程	机电安装工程	万元	$K \geq 10\,000$	$5\,000 \leq K < 10\,000$	$1\,000 \leq K < 5\,000$	$K < 1\,000$	施工合同价款（K）

续表

序号	工程类别	项目名称	单位	规模				备注
				I	II	III	IV	
10	建筑幕墙工程	建筑幕墙工程	m	$H \geqslant 60$	$H < 60$	/	/	单体建筑幕墙高度（H）
			m²	$S \geqslant 8\,000$	$3\,000 \leqslant S < 8\,000$	$S < 3\,000$	/	建筑幕墙面积（S）
11	古建筑工程	古建筑工程	m²	$S \geqslant 2\,000$	$400 \leqslant S < 2\,000$	$S < 400$	/	单体仿古建筑（S）
12	城市及道路照明工程	城市及道路照明工程	万元	$K \geqslant 10\,000$	$5\,000 \leqslant K < 10\,000$	$1\,000 \leqslant K < 5\,000$	$K < 1\,000$	施工合同价款（K）
13	环保工程	生活垃圾焚烧工程	吨/日	$Q \geqslant 200$	$50 \leqslant Q < 200$	$Q < 50$	/	统称"生活垃圾处理处置工程"，处理量（Q）
		生活垃圾卫生填埋工程	吨/日	$Q \geqslant 500$	$200 \leqslant Q < 500$	$Q < 200$	/	
		生活垃圾堆肥工程	吨/日	$Q \geqslant 300$	$100 \leqslant Q < 300$	$Q < 100$	/	
14	特种专业工程	建筑物纠偏和平移等工程	万元	$K \geqslant 1\,000$	$200 \leqslant K < 1\,000$	$K < 200$	/	施工合同价款（K）
		结构补强、特殊设备的起重吊装、特种防雷技术等工程	万元	$K \geqslant 500$	$100 \leqslant K < 500$	$K < 100$	/	施工合同价款（K）

附录 G 工程项目现场施工管理人员配备表

工程项目现场施工管理人员配备表

施工单位（公章）：　　　　　　　　　填表日期：　　年　　月　　日

工程名称				计划开工 竣工日期	
施工管理人员配备情况	序号	姓名	岗位名称	证书编号	身份证号码
	1				
	2				
	3				
	4				
	5				
	6				
	7				
	8				
	9				
	10				
	11				
	12				
	13				
	14				
	15				
	16				
	17				
	18				
项目负责人：　　　　　　　　　　联系电话：					

备注：表中列明的从业人员应当是与本单位建立劳动关系的自有人员。

附录H 工程项目现场监理从业人员配备表

工程项目现场监理从业人员配备表

监理单位（公章）：　　　　　　　　　　填表日期：　　年　　月　　日

工程名称				计划开工竣工日期	
监理从业人员配备情况	序号	姓名	岗位名称	证书编号	身份证号码
	1				
	2				
	3				
	4				
	5				
	6				
	7				
	8				
	9				
	10				
	11				
	12				
	13				
	14				
	15				
	16				
	17				
	18				
项目总监：				联系电话：	

　　备注：表中列明的从业人员应当是与本单位建立劳动关系的自有人员。

40

附录 J 工程项目现场技术工人统计表

工程项目现场技术工人统计表

施工单位（公章）：　　　　　　　　填表日期：　　年　月　日

工程名称					计划开工竣工日期	
技术工人统计情况	序号	姓名	工种名称	工种等级	证书编号	身份证号码
	1					
	2					
	3					
	4					
	5					
	6					
	7					
	8					
	9					
	10					
	11					
	12					
	13					
	14					
	15					
	16					
	17					
	18					

项目负责人：　　　　　　　　　　　联系电话：

备注：表中列明的从业人员应当是与本单位建立劳动关系的自有人员。

本标准用词说明

1 为便于在执行本标准条文时区别对待，对要求严格程度不同的用词说明如下：

1）表示很严格，非这样做不可的：

正面词采用"必须"，反面词采用"严禁"。

2）表示严格，在正常情况下均应这样做的：

正面词采用"应"，反面词采用"不应"或"不得"。

3）表示允许稍有选择，在条件许可时首先应这样做的：

正面词采用"宜"，反面词采用"不宜"。

4）表示有选择，在一定条件下可以这样做的，采用"可"。

5）表示包含本数，采用"以上"

2 条文中指明应按其他有关标准执行的写法为"应符合……的规定"或"应按……执行"。

引用标准名录

1 《建设工程监理规范》GB/T 50319

2 《建筑与市政工程施工现场专业人员职业标准》JGJ/T 250

3 《四川省建设工程项目监理工作质量检查标准》DBJ51/T060

四川省工程建设地方标准

四川省房屋建筑和市政基础设施工程现场施工和监理从业人员配备标准

条 文 说 明

制定说明

本标准制定过程中，编制组进行了广泛深入的调查研究，分析了四川省建筑施工企业现场施工及监理人员配备状况，总结了各省市住房城乡建设行政主管部门对房屋建筑与市政基础设施工程现场施工和监理从业人员配备的监管及实践经验。同时还借鉴了现行《建筑业企业资质标准》（建市〔2014〕159号）和《四川省建设工程项目监理工作质量检查标准》DBJ51/T060 的相关工程类别。

为了方便有关人员正确理解和执行本标准，编制组按章、节、条、款顺序编制了本标准的条文说明，对条文规定的目的、依据以及执行中需注意的有关事项进行了说明。本条文说明不具备与正文同等的法律效力，仅供使用者作为理解和把握标准规定的参考。

目　次

1 总 则

1.0.2 房屋建筑工程包括各类结构形式的民用建筑工程、工业建筑工程、高耸构筑物工程、一般公共建筑工程以及相配套的道路、通信、管网管线等设施工程。工程内容包括地基与基础、主体结构、建筑屋面、装修装饰、建筑幕墙、附建人防工程以及给水排水及供暖、通风与空调、电气、消防、智能化、防雷等配套工程。市政基础设施工程包括城市道路、城市公共广场、城市桥梁、隧道工程及地下通道工程、城市供水、城市排水、生活垃圾、交通安全设施、机电系统、轨道交通、城市园林等。

1.0.3 根据现行《注册建造师管理规定》《建筑与市政工程施工现场专业人员职业标准》JGJ/T 250 和《建设工程监理规范》GB/T 50319 的有关规定,本标准中所指施工管理人员包括项目负责人、项目技术负责人和现场专业人员。现场专业人员包括施工员、质量员、安全员、标准员、材料员、机械员、劳务员、资料员。技术工人包括特种作业人员和一般技术工人。

本标准主要规范了施工管理人员的配备数量和标准,对技术工人(含特种作业人员和一般技术工人)的管理仅提出了要求。

依据《建筑施工特种作业人员管理规定》(建质〔2008〕75 号)文件,特种作业人员包括建筑电工、建筑架子工、建筑起重信号司索工、建筑起重机械安装拆卸工、高处作业吊篮安装拆卸工以及经省级以上住房城乡建设行政主管部门认定的其他特种作业人员。

　　根据《住房城乡建设部关于加强建筑工人职业培训工作的指导意见》（建人〔2015〕43号）和《人力资源社会保障部关于公布国家职业资格目录的通知》（人社部发〔2017〕68号）的精神，结合四川省实际情况，本标准确定一般技术工人的主要工种包括砌筑工、抹灰工、混凝土工、钢筋工、架子工、手工木工、防水工、测量工、筑路工、桥隧工、模板工、油漆工等，施工单位可以根据其资质和承接工程的特点，针对主要涉及安全、节能、环境保护和主要使用功能的工种进行认定，按照工程项目的不同施工阶段进行动态管理。

1.0.4　根据现行《建设工程监理规范》GB/T 50319，本标准中所指的监理从业人员包括总监理工程师、总监理工程师代表、专业监理工程师、监理员，不包括项目监理机构中的行政、后勤等辅助人员。

1.0.6　考虑到四川省各个地区经济发展水平的差异，本标准提出的人员配备标准仅属于最低配置要求，经济发展较好的地区可以根据本地的实际情况，提出更高的要求，引领施工和监理从业人员向更高的标准发展。

1.0.7　本条明确了与建设单位签订《建设工程施工合同》的总承包单位或与建设单位签订《建设工程施工合同》的专业承

包单位以及与建设单位签订《建设工程监理合同》的监理单位是工地现场配备相应管理人员和技术工人的责任人，也是接受人员配备检查的对象。

3 施工管理人员和监理从业人员配备标准

3.1 任职条件

3.1.1~3.1.3 明确了施工管理人员（项目负责人、项目技术负责人、现场专业人员）的任职条件，应符合现行《注册建造师管理规定》《建筑与市政工程施工现场专业人员职业标准》JGJ/T 250 的规定，强调了施工管理人员必须具有相应的执业资格证书或职业岗位证书。

对于项目技术负责人除了必须具备相应的建造师注册证书以外，根据工程规模的不同还应具有与工程项目相适应专业的职称条件，这是贯彻"质量为本"原则的重要体现和要求。

3.1.4~3.1.7 监理从业人员的任职条件除了满足本标准的要求以外，还应符合现行《建设工程监理规范》GB/T 50319 和《四川省建设工程项目监理工作质量检查标准》DBJ51/T 060 的规定。

3.2 工作职责

3.2.1~3.2.7 明确了施工管理人员和监理从业人员的主要工作职责，相关人员的工作职责除了满足本标准的要求以外，还应符合现行《注册建造师管理规定》《建筑与市政工程施工现场专业人员职业标准》JGJ/T 250、《建设工程监理规范》GB/T 50319 和《四川省建设工程项目监理工作质量检查标准》DBJ51/T060 的规定。

3.2.5 根据《建设工程监理规范》GB/T 50319 的规定，总监理工程师代表根据总监理工程师授权，可履行 3.2.5 条所列的工作职责，但总监理工程师不得将以下工作职责委托总监理工程师代表代为行使：

1 组织编制监理规划，审批监理实施细则；

2 根据工程进展及监理工作情况调配监理人员；

3 组织审查施工组织设计、（专项）施工方案；

4 签发工程开工令、暂停令和复工令；

5 签发工程款支付证书，组织审核竣工结算；

6 调解建设单位与施工单位的合同争议，处理工程索赔；

7 审查施工单位的竣工申请，组织工程竣工预验收，组织编写工程质量评估报告，参与工程竣工验收；

8 参与或配合工程质量安全事故的调查和处理。

3.3 施工管理人员配备标准

3.3.1～3.3.3 房屋建筑工程在本标准中，主要考虑四类：住宅工程、工业厂房工程、高耸构筑物工程和一般公共建筑工程，其工程类别的分类考虑四川省的具体特点分别见本标准的相关附录。

房屋建筑工程、市政基础设施工程、专业承包工程的工程类别是依据《建筑业企业资质标准》（建市〔2014〕159号）、《注册建造师执业工程规模标准》（建市〔2007〕171号）和现行《四川省建设工程项目监理工作质量检查标准》DBJ51/T060，结合本省的具体情况，在充分调研的基础上确定的。

由于专业承包工程类别较多，对超过Ⅰ类工程的工程没有对现场专业人员的增加提出统一的要求，在具体工程中，项目部应根据实际情况酌情增加管理人员的数量。

3.3.4 由于同一工程项目在不同的施工阶段对施工管理人员的要求有所不同，结合现行《建筑与市政工程施工现场专业人员职业标准》JGJ/T 250 中施工员和质量员分别都有四个专业方向：土建、装饰装修、设备安装、市政工程，故提出此要求，目的是体现工程项目的动态管理。

3.4 监理从业人员配备标准

3.4.1～3.4.2 项目监理机构人员的最低配备表是为了能完成监理基本工作，按一般常见房屋建筑工程（含住宅工程、工业厂房工程、高耸构筑物工程和一般公共建筑工程）和市政基础设施工程测算给出的，在施工的各个阶段均应满足人员配备表要求。工程项目的技术复杂程度千差万别，建设单位所要求的服务各不相同，项目监理机构人员的配置应以满足建设工程监理工作需要以及建设工程监理合同约定。

建设工程监理合同中约定的人员配置，不需要自工程项目开工至工程竣工全过程都全部驻现场，这样既不科学也不合理，应按工程项目施工进度的不同、各阶段所需专业的不同、技术复杂程度的不同等，制定项目监理机构的人员进退场计划，并适时予以调整。

根据合同约定的项目监理机构人员，在监理规划中应制定相应的人员进退场计划，并按计划分阶段、分批次进驻（退出）施工现场，合同约定的全部监理人员均应在施工现场工作过即可。

4 从业人员管理要求

4.1 一般要求

4.1.1 项目建设单位、招标代理机构、评标委员会应按照本标准的要求选择施工单位，从源头把关。建设单位在与施工单位在签订施工合同时应重点审查施工管理人员配备是否符合本标准要求。

4.1.2 考虑到各地区的差异，本标准提出施工管理人员和监理从业人员的配备宜采用备案制度，有条件的地区应实行备案制。

4.2 施工从业人员管理要求

4.2.2 本条明确总承包单位负责承包范围内所有参建单位的登记薄的建立，包括与建设单位直接签订施工合同的专业承包单位。

4.2.5 当工程规模较小时，在保证质量和安全的前提下，从实际出发，容许标准员、材料员、机械员、资料员在本企业同一县级行政区域内或设区市的主城区（中心城区）内的工程项目内兼任，也可在同一项目内兼岗，但不管是兼任还是兼岗，有关人员必须具备兼任岗位的任职条件，兼任的工程项目不应超过 3 个。设区市的主城区（中心城区）的范围由各市根据实际情况界定。

4.2.6 在本条规定的情形之外，施工管理人员不得同时在两个以上建设工程项目（施工标段）施工现场任职。

4.2.7 本条规定了施工管理人员可变更的情形，变更必须在出现本条规定的情形下，按照规定的程序进行变更。

4.2.10 特种作业人员属于施工现场中容易发生事故，从事对操作者本人、他人的安全健康及设备、设施的安全可能造成重大危害的作业人员。根据国家安全生产监督管理总局审议通过的《特种作业人员安全技术培训考核管理规定》，特种作业人员必须 100%持证上岗。鉴于钢筋工、混凝土工、防水工、模板工等关键岗位工种对于工程质量有重大影响，必须 100%持证上岗。其他一般技术工种持证上岗率不得低于 90%。

高级工以上人员比例计算以相应工种的工人总数为基数，不足一人按一人计算。

4.3 监理从业人员管理要求

4.3.1～4.3.4 项目监理机构除监理人员外，还可配备资料员、行政人员、后勤人员等辅助人员，但这些人员不计入监理人员配备最低标准中。

4.3.5 工程监理单位更换、调整项目监理机构监理人员时，应做好交接工作，保持建设工程监理工作的连续性。

4.3.6 考虑到工程规模及复杂程度，一名注册监理工程师可以同时担任多个项目的总监理工程师，但同时担任总监理工程师工作的项目不得超过三项。

当建设工程项目的建设单位、监理单位分别是同一个，并且施工现场相邻、开工日期相近、均在同时进行施工的几个项目，可合并为一项来计算监理人员配备。

4.3.7 项目监理机构撤离施工现场前，应由工程监理单位书面通知建设单位，并办理相关移交手续。